Achtung Schwertransport!

Verlag Podszun Motorbücher GmbH
Elisabethstraße 23-25, D-59929 Brilon
Herstellung Druckhaus Cramer, Greven
ISBN 3-86133-314-7

Michael Schauer

Achtung Schwertransport!

Mobilkrane und Zugmaschinen im Einsatz

PODSZUN

Vorwort

Vielen Dank für Ihr Interesse, das Sie bisher an meinen Fotos gezeigt haben. Hier nun der dritte Versuch, Sie, liebe Leserin, lieber Leser, für das spannende Thema „Schwerfahrzeuge" zu gewinnen beziehungsweise Euch, liebe Modellbauer-Kollegen, um einige Ideen für unser gemeinsames Hobby zu bereichern.

Wie schon im „Schwertransportebuch" und in dem Buch „Baumaschinen im Einsatz" sind die Fotos mit den wichtigsten Daten beschrieben, wobei ich mich bemüht habe, dem Laien einen Einblick in die Technik zu geben und dem Kenner Genüge zu tun. Einige Zeichnungen – wiederum ein Beitrag meines Kollegen Joop van der Touw – sollen dem Einen zum besseren technischen Verständnis, dem Anderen als Vorlage zum Nachbau dienen.

In diesem Buch liegt der Schwerpunkt bei den Großkranen. Ein ganzes Kapitel davon ist den Kranen der Firma Gottwald gewidmet, meiner Vorliebe entsprechend allen Gottwald-Kranen mit der Low-Line-Kabine. Vom AK 1000 und AMK 1000 mit der ausgefeiltesten Technik über die breite Palette der Gottwaldschen Mobilkran-Technik zurück zum AMK 126. Jeder Kran ist für sich in seiner Zeit immer ein Meisterstück und so hat es mir viel Freude gemacht, die Fotos zusammen zu stellen und bei den Recherchen habe ich noch einiges dazu gelernt.

Ein weiterer Abschnitt zeigt die Zugmaschinen von MAN, aber auch Einsätze von MB und anderen Schwerlastfahrzeu-gen. Wieder dabei sind auch einige Exoten wie Oshkosh und Mol.

An dieser Stelle geht mein Dank ganz besonders an die Kollegen, die durch ihre Fotografien einen Beitrag zu diesem Buch geleistet haben und vor allem an die Firma Bracht, die mich mit Fotos und Informationen zum Thema Gottwald versorgt hat. Dank an Joop van der Touw für die freundliche Überlassung seiner Zeichnungen.

Ich wünsche Ihnen viel Freude bei der Lektüre.

Michael Schauer
Lippstadt, im März 2003

Inhalt

MOL-Spezialfahrzeuge aus Belgien

Firma MOL in Hooglede/Belgien hat neben Ro/Ro- und Terminalzugmaschinen und Knicklenkern für die Forst- und Holzwirtschaft auch Hubsattelkupplungs- sowie 6x6- und 8x8-Schwerlastzugmaschinen mit Motoren aller namhaften Hersteller bis zu 816 PS in ihrem Programm. Die dreiachsigen MOL-Schwerfahrzeugchassis bilden das Grundgerüst für wirklich große, beispielsweise Feuerwehr- und Off-Road-Fahrzeuge. Zwei Typen der Off-Roader, MOL HF 6066 als Hauber und F 7066 als Frontlenker, fotografiert in den Vereinigten Arabischen Emiraten, stelle ich im Folgenden vor.

MOL HF 6066 6x6 älteren Baujahrs

Der MOL-Auflieger D12/104QUA/115 verfügt über eine Nutzlast von 80 t. Jede Achslinie hat vier Reifen, insgesamt also 16 Reifen. Geladen wurde ein CAT-Elevator-Schürfzug 623 E mit 35 t

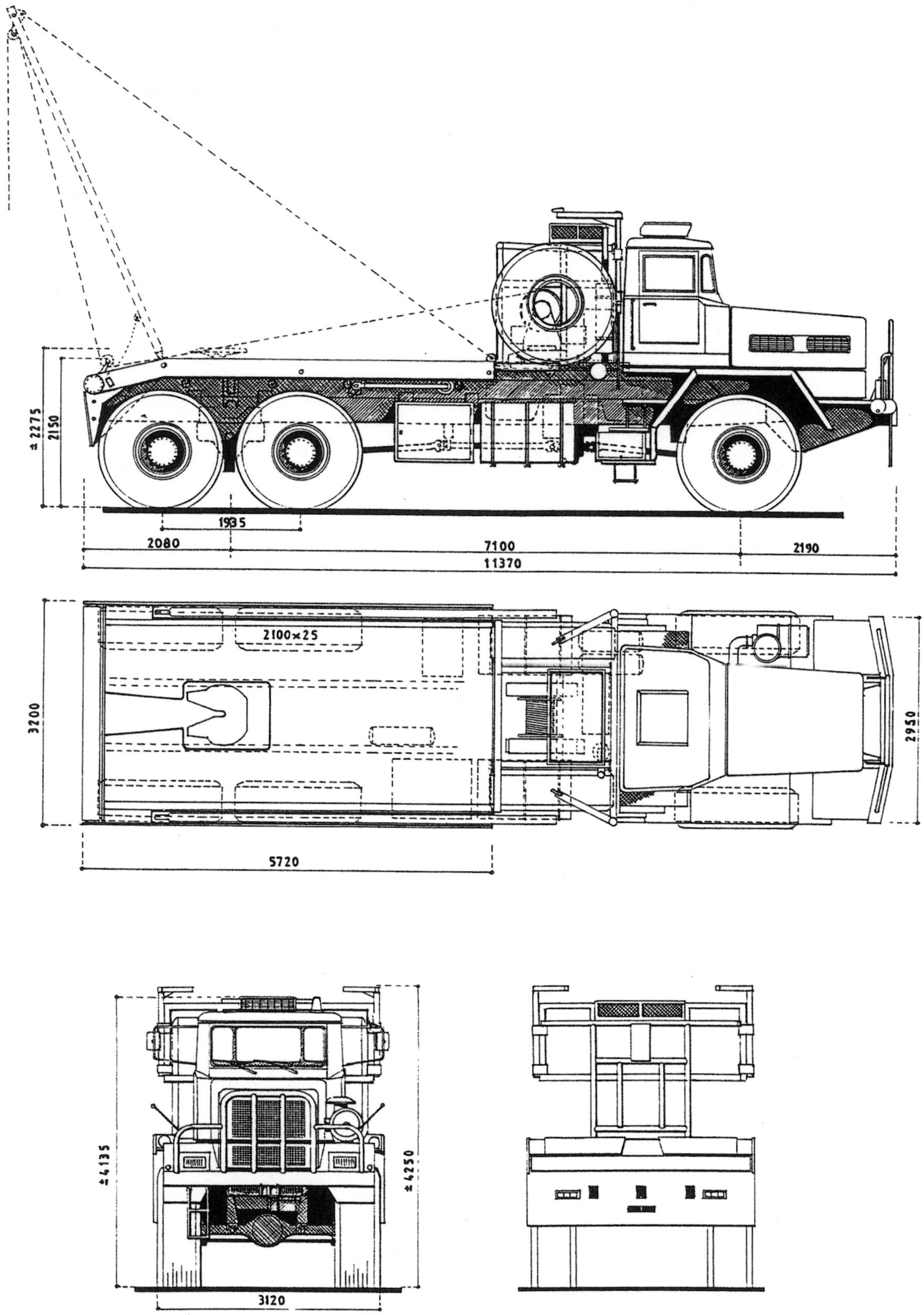

Zeichnung (1:87) einer MOL HF 6066 mit Gin-Pole

MOL fährt für die Stadtverwaltung in Al Ain. Mit 480 PS, Allradantrieb und 21.00-R-25-Geländebereifung ist das Vorankommen in der Wüste mit dieser leichten Ladung ein Kinderspiel, normalerweise werden die Fahrzeuge bis an ihr Limit gefordert. Überladungen sind nicht selten

Ein richtig dicker Brummer: MOL F 7066 6x6, 28 t schwer und mit 525 PS starkem Cummings KTA wassergekühltem Dieselmotor

In der Frontlenker-Großraumkabine finden bis zu sieben Personen Platz. Der MOL-Auflieger hat je acht Reifen an jeder seiner vier Achslinien, insgesamt also 32 Reifen und ist ausgerichtet auf ca. 120 t Nutzlast

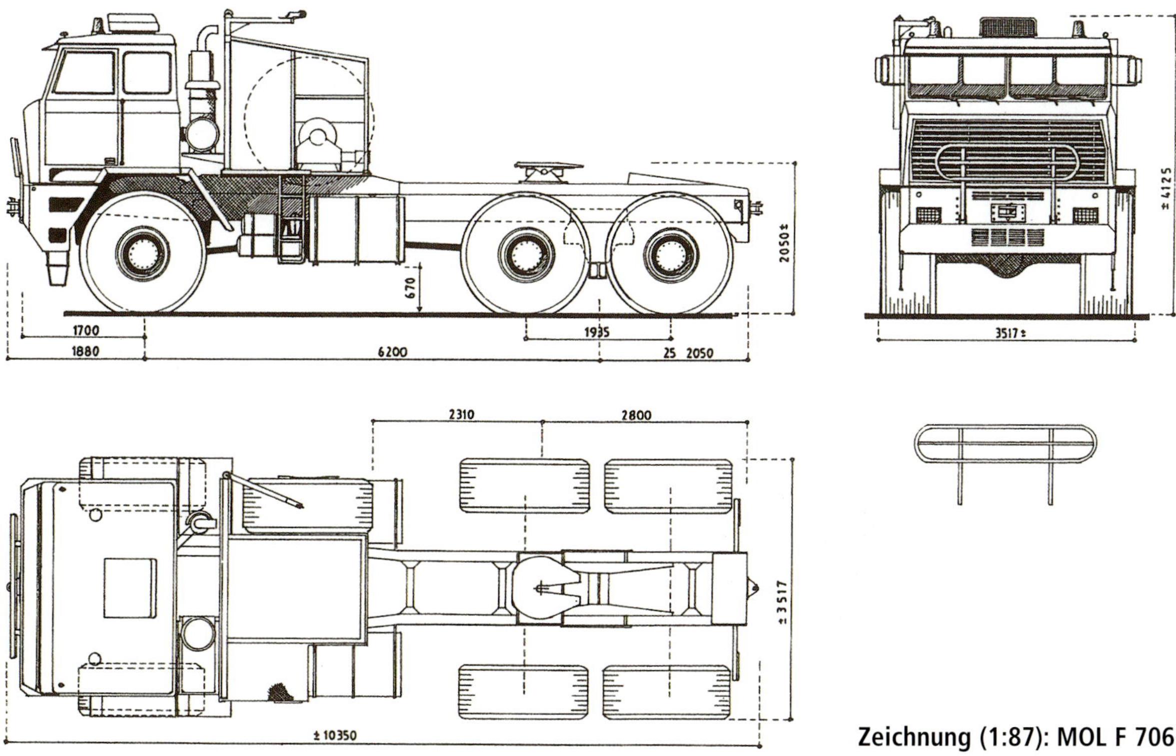

Zeichnung (1:87): MOL F 7066 6x6

Generatortransport

Schwertransporte sind natürlich ein großes Verkehrshindernis. Demzufolge fahren sie, mit wenigen Ausnahmen, bei Nacht und machen tagsüber, von morgens 6.00 Uhr bis spätabends 22.00 Uhr, Pause. Die Fahrer wohnen und schlafen während dieser Ruhezeiten in ihren Kabinen. Am späten Nachmittag sind sie dann recht munter und gerne zu einem Schwätzchen bereit. Dabei kann ich immer wieder feststellen, daß viele der Fahrer (und nicht zu vergessen auch Fahrerinnen) mit Leib und Seele Kraftfahrer und sehr stolz auf ihre Fahrzeuge sind. Die Trucker leisten Schwerstarbeit. Ihnen wird ein Höchstmaß an Konzentration dabei abverlangt, ihre riesige Ladung durch kleine Ortschaften mit engen Durchfahrtsstraße, durch Baustellen und über schmale Brücken zu lenken. Und das überwiegend in der Nacht und unter Zeitdruck.

Am 30. Januar 2001 traf ich während seiner Ruhepause auf dem Rastplatz Hasselberg an der A7 nahe Kassel auf diesen Transport der Firma Grohmann und unterhielt mich mit den beiden Fahrern. Mit ihren MB 3553 waren sie unterwegs, um einen 126 t schweren Generator in Richtung Norden zu befördern.

Der Generator hat mit seiner „Verpackung" die Ausmaße H/B/L 340/336/940 cm und wiegt 126 t

Der 16-achsige Scheuerle-Nottebohm-Eurocombi-Auflieger wird gezogen und geschoben von je einer MB 3553 8x4 mit 530 PS, also insgesamt 1060 PS. Mit dieser Kraft können die Kasseler Berge problemlos in Angriff genommen werden. Die MB 3553 (vorne) ist aufgesattelt

Die hintere MB 3553 ist mit einer Schwerlaststoßstange ausgerüstet. Zum Schieben der Last wurde zusätzlich ballastiert

Nicht nur der Transport ist eine Augenweide, auch das begleitende BF 3-Fahrzeug, ein VW T 4 Turbodiesel

Pressenteil für Osnabrück

Die Liebherr-Krane LTM 1500 (Hubkraft 500 t) und 1300 (Hubkraft 300 t) bei der Arbeit. Der Umschlag des 110 t Pressenteils war in 20 Minuten erledigt

Im Januar 2002 fotografierte ich eine sehr interessante Aktion im Osnabrücker Hafen am Mittellandkanal. Ein Pressenteil wurde vom Schiff auf die Straße umgeladen. Zwei Liebherr-Krane LTM 1500 und 1300 der Firma AKV in Bochum nahmen das 110 t schwere Teil zwecks Umladung auf eine Scheuerle-Interkombi mit 14 Achsen auf. Als Zugmaschine war eine MAN 41.604 FT 8x4 mit 600 PS der Spedition Vossmann aus Schneiderkrug im Einsatz.

AKV Autokrane
ERLACH
SCHWERTRANSPORT

Hier warten 600 PS auf den Startschuß. Der Zug durfte sich gemäß amtlicher Vorgaben erst um 22.00 Uhr in Bewegung setzen

Zum Tross des LTM 1500 gehört u. a. diese MAN 41.464 (460 PS) für den Transport des Ballastes und der Winde des Wippauslegers. Der gesamte Zug mit Ladung wiegt gut 100 t

Diese MAN 33.464 fährt sowohl Ballast als auch einen Teil der Wippspitze des LTM 1500

Der Autokran LTM 1300 auf dem Weg zum nächsten Einsatz

Achtung Schwertransport!
Luftzerlegungsanlage für Gelsenkirchen

Per Schwertransporter und Schiff wurde im Februar 2001 eine Luftzerlegungsanlage, bestehend aus drei Teilen, von Hanau nach Gelsenkirchen befördert. Für den sicheren Transport auf der Straße sowohl vom Hersteller zum Hafen in Hanau als auch vom Dorstener Hafen zur Empfängerin Gelsenkirchen/Scholven, war die Spedition Kahl aus Moers verantwortlich.

Die 63 m lange und 110 t schwere Trennkolonnenbox aus Aluminium wurde auf einem in Deutschland einmaligen Gefährt transportiert, einem Anhänger, bestehend aus zwei Teilen. Der vordere an der ballastierten Zugmaschine MAN 33.462 6x6 (460 PS) anhängende Teil hat 2 x 3 Goldhofer-THP-Achsen, dazwischen war ein kurzes Tiefbett mit einer hydraulischen Drehschemelhubeinrichtung montiert. Der hintere Teil des Modul-Anhängers bestand aus 2 x 4 Achsen und wiederum dem Tiefbett mit Drehschemel. Die Trennkolonnenbox lag in Halbschalen auf den Drehschemeln. Die Kombination ließ sich mittels Hydraulik und Hubeinrichtung auf eine Höhendifferenz von insgesamt 1,60 m heben bzw. senken. So mußte z. B. die im Schnitt 6,10 m messende Box in Hanau eine nur 6,15 m hohe Brücke unterqueren. Hierfür war eine derart hydraulische Einrichtung unabdingbar.

Die 30 m lange Argonbox, ebenfalls mit 110 t, wurde auf einen Goldhofer-Anhänger geladen. Dieser setzte sich zusammen aus 2 x 6 THP-Achsen, dazwischen wurde ein Hochbett montiert. Gezogen wurde die Kombination von einer MAN 41.501 (500 PS) 8x6.

Die 55 t schwere Box für den flüssigen Sauerstoff, die 13 m lange Loxbox, lag auf einem siebenachsigen Goldhofer-Sattelauflieger, bestehend aus 1 x 2 THP-Achsen vorne, ein montiertes Kesselbett und 1 x 5 THP-Achsen hinten. Aufgesattelt war die Kombination auf einer MAN 41.462 (460 PS) 8x4.

MAN 33.462 6x6 (460 PS) mit der 63 m langen und 110 t schweren Trennkolonnenbox

Die Goldhofer-Kombination mit 14 Achslinien. Jede Achslinie besteht aus zwei hydraulisch verstellbaren Achspendeln mit je vier Rädern, insgesamt rollen hier 112 Räder, die zehn Räder der Zugmaschine noch nicht mitgerechnet

VESTA / 02361/98990
VESTA / 02361
VESTA / 02361/98990
SPEZIALTRANSPORTE

Im Dorstener Hafen: Vorsichtig wird die Trennsäulenkolonnenbox auf die Goldhofer-Achsen verladen

Nach dem Verladen ist Handarbeit gefragt

Bei der Ausfahrt aus dem Dorstener Hafen mußte das Kamel durchs Nadelöhr. Mit viel Fingerspitzengefühl wurde hier haarscharf rangiert.

MAN 41.501 8x6 (500 PS) mit der 30 m langen und 110 t schweren Argon-Box

MAN 41.462 8x4 (460 PS) mit der 13 m langen und 55 t schweren Lox-Box

Quicklifter Demag TC 3600 – ein Kran, der neue Maßstäbe setzte

An dieser Stelle will ich Ihnen den DEMAG-Gittermast-Autokran TC 3600 vorstellen. Er wurde nur einmal gebaut und die Firma Bracht übernahm ihn Anfang der neunziger Jahre in ihren Fuhrpark.

Das 96 t schwere, 24,6 m lange Grundgerät dieses Quicklifters setzte sich zusammen aus Unter- und Oberwagen. Bei dem achtachsigen Unterwagen, der mehr dem Design eines Sportwagens ähnelte, waren die 4., 5., 7. und 8. Achse angetrieben, die 1. bis 3. und 5. bis 8. Achse waren lenkbar. Der 530 PS starke Motor im Heck diente als Fahrwerks- und Kranantrieb.

Der Quicklifter in Fahrstellung war 24,6 m lang und 96 t schwer. Die Kabine wirkte richtig windschnittig. Der 530 PS starke Motor vertilgte einen Liter Diesel auf einen Kilometer

Der Oberwagen bestand aus dem Mittelteil (mit der Rollendrehverbindung und der Drehdurchführung) und dem gelenkig angebauten Schwenkteil (mit den beiden Hubwinden mit je 24 t Seilzug, dem Einziehwerk und dem anbolzbaren Rollensatz).

Zum Gittermastkran wurde der TC 3600 durch die Montage der Auslegerkombination, bestehend aus dem Hauptausleger mit 106 m und dem wippbaren Hilfsausleger mit 85 m. Mitbestimmend für die Einzigartigkeit des TC 3600 war seinerzeit die vom Boden aus vorzunehmende Schnellmontage, die bei diesem Kran halb soviel Zeit in Anspruch nahm, als bei ähnlichen Kranen dieser Gewichtsklasse und außerdem durch eine Montage vom Boden aus auch viel weniger unfallträchtig war.

Zur vollen Auslastung des Krans wurden Gegengewichte bis 300 t bei Normalausrüstung und bis 500 t bei Superliftausrüstung eingesetzt. Bei einer Ausladung von vier Metern hatte der TC 3600 eine maximale Tragfähigkeit von 750 t.

Einer von vielen Einsätzen des Quicklifters war im Jahr 1992 das Ausheben eines Teils einer Fachwerkbrücke (Baujahr 1916) im Güterbahnhof von Hamm. Der TC 3600 hob die Brücke aus ihrem Lager und legte sie nach einer 180-Grad-Drehung auf dem für die Restaurierung vorgesehenen Platz ab. Der andere Teil der Brücke blieb zunächst für den Bahnverkehr noch stehen und wurde anschließend (gut ein Jahr später) restauriert.

Der seinerzeit neuartige Superlift ersetzte den A-Bock und Superliftmast. Gut zu sehen sind hier die beiden Hubwerke mit den Seilzügen

Die Basisabstützung von 10,5 x 10,5 m war hydraulisch ausfahrbar auf Basis 14,5 x 14,5 m. Die vier teleskopierbaren Abstützträger wurden am Sockel mittels hydraulisch betätigter Bolzen angebaut

Behutsam hebt der Quicklifter die fast 90 Jahre alte Fachwerkbrücke aus ihrem Lager und legt sie nach einer halben Drehung auf dem vorbereiteten Platz ab

Dem Gewicht der Brücke mit 225 t hängen am Superlift rund 400 t Ballast entgegen

Demag Raupenkran CC 2400

Das Brückenteil, das der Quicklifter DEMAG TC 3600, wie beschrieben, im Jahre 1992 zur Restaurierung aus ihrem Lager gehoben hatte, war im Jahre 1993 wieder hergestellt und konnte an seinen ursprünglichen Platz zurückversetzt werden. Gleichzeitig sollte der zweite, noch nicht restaurierte Teil der Brücke, aus den Lagern gehoben werden. Diese Aktion übernahm ein DEMAG Raupenkran CC 2400. Der Kran bewegt sich auf 11,13 m langen Kettenfahrwerken, beide sind einzeln hydraulisch angetrieben und wiegen jeweils 41 t. Zum Oberwagen gehören die im Rahmen liegenden vier Seilwinden und das Drehwerk unterhalb des Rahmens. Angetrieben werden sowohl die Winden als auch das Drehwerk über Hydraulikmotoren, die ihrerseits von dem luftgekühlten KHD-Dieselmotor (455 PS) des DEMAG Raupenkrans CC 2400 angetrieben werden. Bedient und gesteuert wird der Raupenkran von der Oberwagenkabine aus.

Der Raupenkran ist durch sein Ausleger-Baukastensystem vielfältig einsetzbar. Die Länge des Auslegers ist durch die verschiedenen Längen der Mastschüsse optimal für jeden Einsatz variierbar. So können maximal 152 m Rollhöhe an der Wippspitze erreicht werden. Die Superliftausrüstung steigert die Leistung bis zu einer Traglast von 450 t.

Bevor der Demag zum Einsatz kommt, wird er in Einzelteilen zur Baustelle verbracht. Den 51,5 t Oberwagen transportiert hier ein achtachsiger, aufgesattelter Scheuerle-Tieflader, gezogen von einem Volvo F 12 (8x4)

Unmittelbar neben dem Einsatzort des Demag führt ein stark befahrenes Geleis entlang. Der Bahnbetrieb wird während des Einsatzes nicht unterbrochen. So muß bereits der Aufbau des Raupenkrans mit äußerster Sorgfalt vonstatten gehen

Die 130 t Ballastierung des Oberwagens sind ein Teil des Gegengewichts, um die 225 t schweren Teile der Zwillingsbrücke zu versetzen. Die Kettenfahrwerke sind hier gut zu sehen. Sie sind je 11,13 m lang und wiegen 41 t

Der Demag hebt den noch nicht restaurierten Teil der Brücke aus ihren Lagern und legt ihn zur Restaurierung ab

Der bereits wiederhergestellte Teil wird genommen und an seinen ursprünglichen Platz zurückgesetzt. Dazu wurde der Bahnbetrieb kurz unterbrochen und konnte unmittelbar danach weiterlaufen. Zur Zeitersparnis wurden bei der Restaurierung die Geleise wieder vormontiert. Noch ein Jahr später wird der Demag auch diesen zweiten Brückenteil wieder zurücksetzen

Nach getaner Arbeit wurde der Demag demontiert. Der Oberwagen liegt auf einer Nicolas-Kombination, bestehend aus zwei Achsen vorne, dem Baggerbett und vier hinteren Achsen

Mercedes-Benz 3850 AS 6x6

Bis vor ein paar Jahren recht häufig auf Europas Straßen anzutreffen, findet man die MB 3850 Schwerlastzugmaschinen heute leider nicht mehr so oft.

1983 übernahm die Mercedes-Benz AG die schweizerische NAW Nutzfahrzeuggesellschaft Arbon & Wetzikon AG. Die Konzepte für die vielseitige und robuste MB 3850 AS 6x6 wurden erstellt und die Zugmaschine ging in Serie.

Eine MB 3850 aus Dänemark mit einem 80 t schweren Tank auf einem achtachsigen Goldhofer-Auflieger

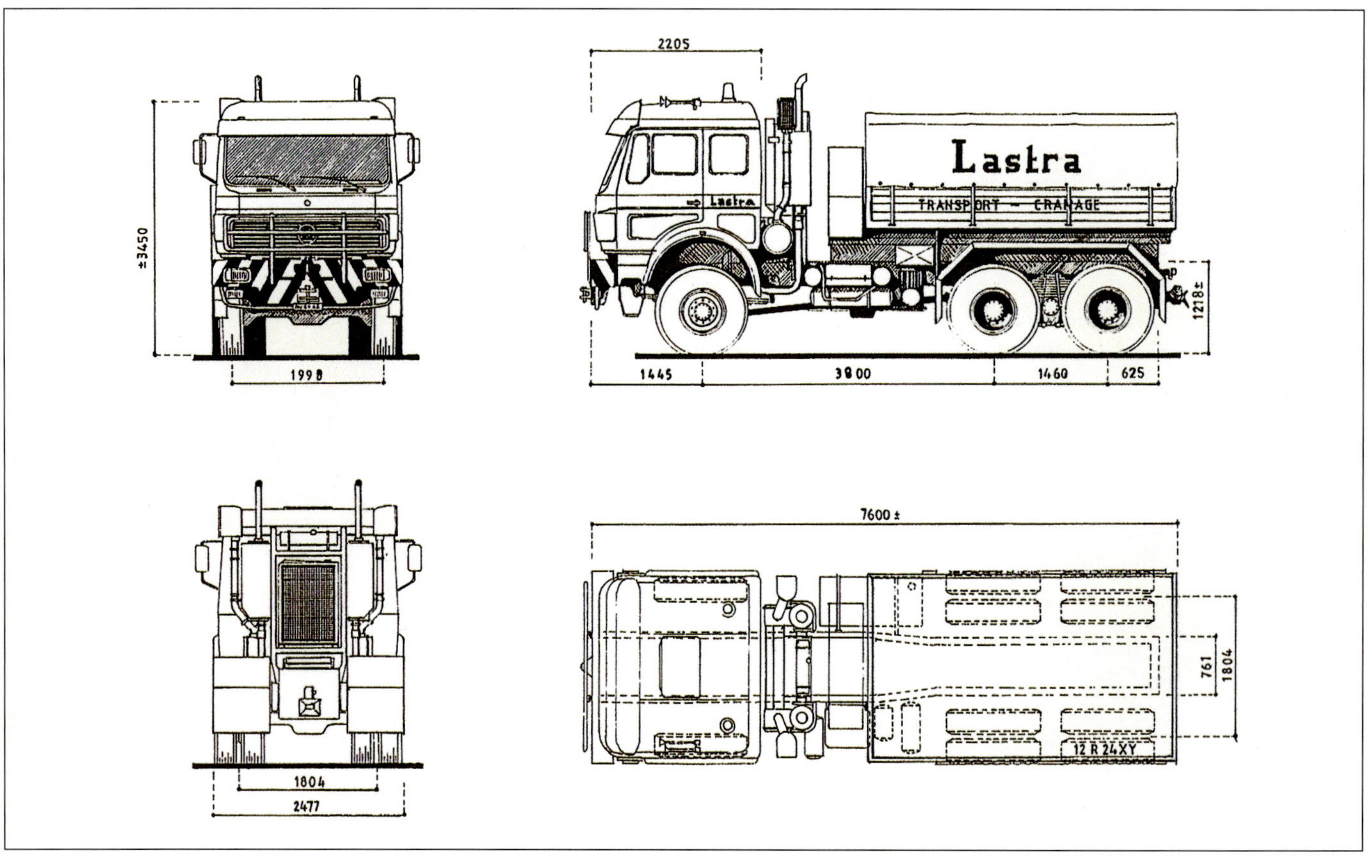

Einmalig in Deutschland: MB 3850 der Firma Alborn mit montierter Winde zwischen Kabine und Ballastkiste

Hier einige technische Einzelheiten: Die MB 3850 AS 6x6 ist 7,6 m lang und 38 t schwer (zulässiges Fahrzeuggesamtgewicht). Das zulässige Lastzuggesamtgewicht beträgt 220 t. Angetrieben wird die Zugmaschine durch einen seinerzeit neuentwickelten V10-Turbodiesel von Mercedes-Benz (OM 423 LA) mit 500 PS. Im Solobetrieb kommt die Maschine auf 91 km/h. Serienmäßig mit einem 600-Liter-Tank ausgestattet gibt es als Sonderausstattung einen 900-Liter-Tank in der Zusatzpritsche hinter der Kabine bzw. auch eine Ballastpritsche für die Zugmaschine.

Auch heute noch ein schönes, gepflegtes Kraftfahrzeug: MB 3850 der Spedition Siefert aus Gelsenkirchen

MB 3850 der Firma Siefert beim Transport eines 55 t schweren Brückenteils

Transport eines Reaktorteils mit 220 t auf 24 Goldhofer-THP-Achsen, gezogen und geschoben von je einer MB 3850. Die Gesamtlänge des Gespanns liegt bei 67 m, Gesamtgewicht 336 t
(Foto: Welz)

Ein „Hingucker" sind die wuchtigen Stoßstangen der Fahrzeuge von Firma Pieper. Bei dem Fahrzeug Nr. 162 (Bild oben) dürfte die Stoßstange sogar Marke Titan sein

Folgend möchte ich Ihnen eine MB 3850 6x6 vorstellen, die durch den Einbau einer Vorlaufachse zur 4050 8x6 „befördert" wurde. Bei dieser Zugmaschine baute Firma Hüffermann eine vierte Achse an. Wenig später brachte Mercedes-Benz die MB 4050 AS 8x6/4 (acht Räder, davon sechs angetrieben, die beiden ersten Achsen = vier Räder sind gelenkt) auf den Markt.

MB 3850 zieht eine etwa 180 t schwere Turbine, verladen auf 20 Scheuerle-Achsen.
Geschoben wird von einer MB 4050 (Foto: Welz)

Die dritte Zugmaschine von Sauter ist auch eine MB 3850. Interessanter Einblick: Reparatur am Wandlerkühler

Verladegut ist ein etwa 60 t schwerer Silo auf 2-x-12-Scheuerle-Achsen, parallel gekoppelt

Hier ziehen 500 PS einen 83 t schweren Druckbehälter, liegend auf einer Hubhebelkesselbrücke von Scheuerle, durch Gelsenkirchen

Häufiges Transportgut sind Brückenteile beziehungsweise auch komplette Brücken. Dieses Segment wiegt etwa 80 t, verladen auf einen Scheuerle-Anhänger mit 16 Achsen. Wegen des relativ geringen Gewichts der Ladung sind die vier mittigen Achsen hydraulisch hochgezogen. Diese werden nicht gebraucht.

Das zweite Leben eines Baumann-Fahrzeugs: MB 3850 versehen mit Sandbereifung in den Wüsten des Mittleren Ostens

Zum Fuhrpark der Firma Arminger in Wels/Österreich gehörte diese MB 3250. Hier ist sie unterwegs in Deutschland mit einem 14achsigen Goldhofer-Auflieger, der geschoben wird von einer MAN 40.440 6x6

MB 3250 der Firma Riga in Mainz. Bei dieser mußten bereits einmal die vorderen Kotflügel gewechselt werden

Krane aus dem Hause Leo Gottwald

Die Resonanz auf den ersten Teil des Schwertransportebuches war ja doch recht positiv. Allerdings kamen auch Rückmeldungen, die beklagten, daß kaum Fotografien über mobile Krane gezeigt wurden. Da liegt es nahe, im zweiten Teil einen Bericht über die fast schon legendären Autokrane aus dem Hause Gottwald zu bringen.

Bis 1986 baute Firma Gottwald mobile Großkrane in allen Größenordnungen und geeignet für jeden Einsatz. Das Spektrum ging vom straßenverfahrbaren Mobilkran, über den Gelände- bis zum Raupenkran. Mannesmann-Demag bzw. der Siemens-Konzern übernahmen das Familienunternehmen im Jahre 1986 und führten es der „Demag Mobile Cranes GmbH" zu.

Im Juli 2002 veräußerte Siemens den größten Teil der Geschäftsaktivitäten an den amerikanischen Konzern Kohlberg Kravis Roberts & Co. (KKR). Man gründete eine Holdinggesellschaft „Gottwald Port Technology GmbH & Co. KG". Die Produktion umfaßt gezielt das gesamte Spektrum im Hafenumschlag, wie Hafenmobil- und Eisenbahnkrane, Hafentransport- und Lagersysteme vom Einzelgerät bis zum kompletten System. Sitz der Holdinggesellschaft ist Düsseldorf.

Dort läuft die Produktion im Gottwald-Werk, und von dort wird auch heute noch die Wartung der mobilen Großkrane vorgenommen, die seinerzeit noch vom Familienunternehmen gebaut und seit mehr als 20 Jahren im Einsatz sind.

Gottwald-Technik war innovativer Vorreiter für sämtliche in mobilen Kranen verwendete Technik und Sicherheitsstandards. Fast jeder Gottwald-Kran ist ein Einzelstück, ob als Gittermast- oder Teleskopkran. Die Gottwald'schen Neuentwicklungen setzten Maßstäbe im Kranbau. Im Grunde hat Firma Gottwald sich mit jedem neuen Projekt immer selbst übertroffen. Ein besserer Kran als ein Gottwald-Kran ist eben ein Gottwald-Kran.

Das auffälligste Qualitätsmerkmal ist wohl die Langlebigkeit der Großgeräte. Fast jeder Kran ist noch im Einsatz. 20 und 25 Jahre alte Krane werden restauriert und versehen ihren Dienst ohne Beanstandungen.

Die folgenden Fotos zeigen Krane ab Baujahr 1979. Mit diesem Baujahr wurden alle Großkrane von Gottwald mit einer „Low-Line"-Fahrerkabine gebaut.

AK 1000

Foto: Brand

Gittermast-Kran AK 1000 der Firma Grayston, White & Sparrows/GB. Hier das Grundgerät nach Wartungsarbeiten auf dem ehemaligen Gottwald-Firmengelände in Düsseldorf. Gebaut wurde er für die Firma Scott Grennham/GB, seinerzeit einer der größten Kranbetreiber in England

Der AK 1000 wurde als Sattelauflieger-Kombination konstruiert. Für den Arbeitseinsatz wird der Oberwagen abgesattelt und das Antriebsteil entfernt. Dafür sind 60 t Zusatzballast zum Sockel erforderlich

Das sechsachsige (12x8) Antriebsteil wird bewegt von einem 520 PS wassergekühlten MAN-Dieselmotor mit Allison-Wandler-Getriebe

Das Heckteil besteht aus fünf Achslinien mit zehn einzelnen hydraulisch verstellbaren und lenkbaren Pendelachsen

Das Grundgerät hat einen geteilten Oberwagen. Auf diesem Foto sieht man die hydraulischen Verbolzungen

AK 912 GT

Gittermastkran AK 912 GT war seinerzeit der leistungsstärkste Autokran der Welt. Gebaut wurden zwei dieser Großkrane im Jahre 1986 für die Firma Mammoet/NL. Beide gingen dann aber unmittelbar an die Firma Al Jaber in Abu Dhabi (VAE), wobei einer im Jahre 1987 von Firma Bracht aus Erwitte für diverse Großeinsätze angemietet wurde (Fotos: Bracht)

Das Grundgerät besteht aus dem sechsachsigen Antriebsteil, dem angebolzten Kransockel und dem angebolzten vierachsigen Hinterteil. Beispielhaft gehe ich hier einmal auf die Antriebstechnik ein:
Von den zehn Achsen sind neun gelenkt und vier angetrieben. Die zweite, dritte und fünfte, sechste Vorderachse sind Planet-Antriebsachsen. Alle Achsen sind hydropneumatisch gefedert. Die erste bis sechste sowie siebte bis zehnte Achse sind untereinander hydraulisch ausbalanciert. Im Arbeitseinsatz sind die Achsen hydraulisch blockierbar. Sperrbare Differentiale befinden sich zwischen der zweiten und dritten sowie fünften und sechsten Achse und im Verteilergetriebe. Der Antrieb ist ein wassergekühlter Turbodiesel von Daimler-Benz mit 530 PS. Das Automatikgetriebe ist ein Allison-Wandler. Das Grundgerät wiegt 96 t bei einer Länge von 22,33 m
(Fotos: Bracht)

Für den Standortwechsel wird die Gegengewichts-/A-Bock-Komponente vom Oberwagen des Grundgeräts abgenommen und verladen auf den sechsachsigen (12x6/8) Transporter AK 912 TR. Zum Aufbau fährt der AK 912 TR an das Grundgerät heran und der Oberwagen wird wieder hydraulisch verbolzt. Der Transporter ist 12,55 m lang und wiegt insgesamt 72 t. Sein Turbodiesel leistet 420 PS
(Fotos: Bracht, Müller)

Zum Oberwagen des AK 912 GT gehören 206 t Ballast. Beim Einsatz mit Maxi-Lift-Einrichtung kann das Gegengewicht mit zusätzlichen 250 t auf 456 t aufgestockt werden. Der Hakenflansch ist hier auf dem Foto gut zu sehen. Die Haken sind lieferbar für eine Last bis 900 t. Die Motorleistung von 280 PS liefert ein wassergekühlter Daimler-Benz-Dieselmotor OM 407 A mit sechs Zylindern
(Foto: Bracht)

GOTTWALD
AL JABER

Mittlerweise arbeitet der AK 912 GT für Firma Al Jaber in den Vereinigten Arabischen Emiraten

Der Transporter AK 912 TR hier unbeladen

AK 850-1
von 1982 bis 1998

Im Jahr 1982 wurde der erste Kran der Baureihe AK 850-1 an Schmidbauer KG in München ausgeliefert. Mit einer Hubleistung von 850 t war der Kran (und ist es nach einer Umbaumaßnahme im Jahre 1998 auf 1000 t Tragkraft auch heute noch) einer der leistungsstärksten in Deutschland und des anliegenden Auslands
(Fotos: Schmidbauer)

Auch der AK 850-1 besteht aus Antriebsteil, Kransockel und Hinterteil. Die etwa 23 m lange verwindungs- und biegesteife Stahlkonstruktion des Unterwagens ist in Kastenbauweise hergestellt und wird getragen von den insgesamt zehn Achsen (neun gelenkt und vier angetrieben). Im Vorderteil des Unterwagens befindet sich der wassergekühlte MAN-Dieselmotor D2542 MTE mit zwölf Zylindern und 520 PS. Das Allison-Wandler-Lastschalt-Automatikgetriebe CLBT 750 gibt die Kraft des Motors an die Achsen weiter
(Foto: Gade)

Seitlich am Kransockel sind vier Abstützarme befestigt. Die Abstützbreite beträgt 10,7 x 10,7 m und ist hydraulisch auf 14,7 x 14,7 m verlängerbar
(Foto: Gade)

Die Hubwerke des Kranoberwagens werden angetrieben vom wassergekühlten MAN-Dieselmotor D 2566 mit sechs Zylindern und 271 PS. Die Gegengewichte bestehen auch hier aus mehreren Teilen mit insgesamt 206 t
(Foto: Gade)

Die Kranoberwagenkabine ist auf einem seitlich ausschwenkbaren Tragarm montiert
(Foto: Gade)

AK 850-1 der Firma Schmidbauer und AK 450-83 aus dem Hause Bracht beim Stell-dich-ein auf dem Bracht'-schen Betriebsgelände
(Fotos: Müller)

Zwei von vier Abstützungen des AK 850-1, verladen zum Transport. Jedes Teil wiegt etwa 14 t

AK 850-1
von 1998 bis heute

Seit seiner Inbetriebnahme im Jahr 1982 war der AK 850-1 gem. der StVO zu schwer für eine Straßenfahrt. Also wurden vor bzw. nach jedem Einsatz die Hubwinden abmontiert und gesondert verbracht. Ohne die Winden wog das Gerät dann die für die Straße höchstens zulässigen 112 t.
Die Montage war jedesmal kompliziert und zeitaufwendig. Firma Schmidbauer ließ den AK 850-1 dergestalt umbauen, daß man den Oberwagen teilte. Jetzt bleiben die Winden montiert und das Heckteil mit dem A-Bock, welches leichter ab- und anzumontieren ist, werden abgebaut und gesondert transportiert. Im Zuge dieses Umbaus wurde auch gleich die Hubleistung von 850 t auf 1000 t gesteigert. Dieser geballten Kraft gab Firma Schmidbauer den Namen „Bavarian-Power-Lifting". Seit 1998 ist der AK 850-1 jetzt 96 t „leicht" und befährt Deutschlands Straßen mit einer Höchstgeschwindigkeit von 65 km/h
(Fotos: Müller)

Das Heckteil des Oberwagens ist hier verladen auf einen sechsachsigen Auflieger von Nooteboom, gezogen von MAN 27.464 (6x4)
(Fotos: Gade)

Wie z. B. beim AK 912 wird der Oberwagen nach dem gesonderten Transport des Heckteils vor dem Arbeitseinsatz wieder zusammengefügt und hydraulisch verbolzt

AK 850-1 Toense

Ein weiterer Gittermastkran der Baureihe AK 850-1 mit bereits werkseitig geteiltem Oberwagen wurde zunächst an Firma Toense geliefert, dann kurzfristig von Firma Bracht übernommen, um von dort zu Firma Baldwins nach England überzusiedeln. So bestätigt sich das Gerücht, daß es Fahrzeuge gibt, die öfter neu lackiert als gewaschen werden

(Fotos: Müller, Bracht, Baldwins, Weinbach)

AK 850-1 im Einsatz für Firma Bracht
(Foto: Bracht)

Das Heckteil des Oberwagens mit A-Bock wird gesondert verbracht auf einem speziell dafür konstruierten Transporter, dem Gottwald AK 850/TR 12x4 mit kurzer MAN –F8-Fahrerkabine
(Fotos: Weinbach)

Drei Bilder oben: Der AK 680-1 ist baugleich mit dem AK 850-1. Nach meinen Unterlagen findet sich wohl ein Unterschied in der Abstützbreite. Dem AK 680-1 fehlen mit 10,5 x 10,5 m (14,5 x 14,5 m ausgefahren) jeweils 20 cm zum Abstützbereich des AK 850-1 mit 10,7 x 10,7 m (14,7 x 14,7 m). Gebaut wurde der im folgenden gezeigte Gittermastkran im Jahre 1979 für die Firma Scotts in Großbritannien. Das Bild links oben zeigt die Erstmontage bei Probehüben auf dem Gottwald-Gelände
(Foto links und rechts oben: Bracht
Foto rechts unten: Brand)

Der AK 680-1 bei Hubarbeiten in England
(Foto: Bracht)

AK 680-1

Der AK 680-1 nach seiner Übernahme von Firma Grayston-White & Sparrows/England
(Foto: Grayston-W. & S.)

1997 übernahm Firma Sarens aus Belgien die schweren Krane der Firma Grayston-White & Sparrows. Etwa 1999 wurden der Unter- und Oberwagen des AK 680-1 komplett restauriert. Die in die Jahre gekommene Low-Line-Fahrerkabine wurde ersetzt durch eine Demag-Kabine und die Oberwagenkabine durch eine von Sarens modifizierte Demag-Standardkabine. Des weiteren erneuerte Sarens unter anderem die Halteseile und die Abstützung. So gut wie alle Teile des Krans wurden gesichtet, gereinigt und gegebenenfalls erneuert. Im Zuge der Restaurierungsmaßnahmen wurde der Gittermastkran aufgelastet mit einer Steigerung der Hubkapazität bis zu 50 Prozent (je nach Auslegervariante) auf eine Traglast von bis zu 1000 t. Nach dem erfolgreichen Umbau ging der ehemalige AK 680-1 als „neuer" AK 680-3 bei Sarens in Betrieb.

Die Fahrerkabine Marke Demag. Durch den Austausch der Kabinen verkürzte sich die Gesamtlänge des Fahrzeugs von 22,38 m auf 22,14 m, also um 24 cm

Wenn man schon ein Fahrzeug restauriert, dann macht man es auch gleich richtig: Rund um den Unterwagen wurden neue Kotflügel aus erosionsunempfindlichem und leichtem Aluminium installiert. Dies macht auch optisch zur blauen Neulackierung einiges her. Eine Demag-Oberwagenkabine wurde von Firma Sarens nach eigener Vorstellung verändert und ersetzte die 20 Jahre alte Gottwald-Kabine

Blick auf den Sockel mit dem Drehkranz und den Montagevorrichtungen für die Abstützarme

AK 680-2

Für die Firma Hewden Stuart in Großbritannien baute Gottwald diesen AK 680-2 als Sattelkonstruktion zum Straßentransport. Auf eine Länge von 24,9 m beträgt das Transportgewicht 119 t. Das Antriebsteil wird für den Arbeitseinsatz entfernt. Dafür sind 60 t Zusatzballast zum Sockel erforderlich

Blick auf den Sattelteller als Verbindung von Antriebsteil und Oberwagen

Auch das Hinterteil mit vier Achslinien bzw. acht Pendelachsen kann entfernt und anderweitig genutzt werden

AK 450

AK 450 der Firma Bracht. Hier wurde nachträglich ein Hubkontrollsystem installiert. Die Hubleistung wurde so von 450 t auf 500 t aufgelastet. Angetrieben wird das 21,17 m lange und 96 t schwere Großgerät von einem Daimler-Benz-Dieselmotor (wassergekühlt) mit zwölf Zylindern und 530 PS. Der Oberwagen verfügt über einen Daimler-Benz-Dieselmotor mit sechs Zylindern und 280 PS. Alle acht Achsen sind gelenkt, vier davon angetrieben (16x8)

Was nach oben fehlt, wird von unten nachgeschoben: Für den optimalen Arbeitseinsatz fehlten knapp 1,20 m. Also wurde der gesamte Kran aufgebockt

Der Gittermastkran bei Hubarbeiten in voller Größe. Die maximale Rollenhöhe am Hauptmast mit Wippausleger beträgt 170 m

Ein gutes Beispiel für die verläßliche Leistung von Gottwald-Kranen ist diese Aktion: Wegen der geplanten Erweiterung des Flughafens Berlin-Tegel mußte eine ausgediente Boeing 707, welche als Museum diente, ihren Standort wechseln. Bei einer Ausladung von 42 m hob der AK 450 gute 73 t
(Fotos: Bracht)

AK 450 Gittermastkran mit seiner „Flotte“ von 14 Begleitfahrzeugen (Foto: Bracht)

Eines der Transportfahrzeuge mit Materialcontainer und zwei jeweils 12 t schweren Abstützungen

Von links nach rechts: AMK 600, AK 450, AK 210 auf dem Betriebsgelände der Firma Bracht (Foto: Bracht)

Im Fuhrpark der Firma Breuer befand sich ebenfalls ein AK 450

AK 450 beim Tandemhub einer Brücke zusammen mit einem AMK 1000 in Lünen

Derselbe AK 450 Gittermastkran vom Bild Seite 70 unten im Gewand der Firma Mobi-Hub aus Berlin. Heute gehört das Hubgerät der Firma Bracht

AK 210-73

Wie ich bei meinen Recherchen entdeckte, gibt es zwei Ausführungen des AK 210-73: Eine Version mit einer Tragfähigkeit von 225 t und eine mit 210 t. Ansonsten findet sich ein weiterer Unterschied im Gewicht. Der eine wiegt 82,5 t, der andere 78 t auf einer gemeinsamen Länge von 18,2 m. Durch die Verarbeitung leichterer Materialien konnte man das Gesamtgewicht des Gerätes um 4,5 t reduzieren. Der Verlust von 15 t Tragfähigkeit steht dazu in einem akzeptablen Verhältnis.

Die folgenden Fotos zeigen die leichtere Ausführung des AK 210-73 Gittermastkrans.

Im Einsatz auf dem VW-Gelände in Kassel. Der Unterwagen hat einen wassergekühlten Mercedes-Benz-Dieselmotor mit 430 PS, der Oberwagen einen MB-Dieselmotor mit 256 PS
(Foto: Gade)

AK 210 aus Beständen der ehemaligen DDR

Aus Marl – Firma Wolf – stammt dieser blaue Gittermastkran

Firma AKV bei Stadtbahnarbeiten in Gelsenkirchen

Bei Firma Bracht in Erwitte kann man mittlerweile drei Gittermastkrane AK 210 mieten

Der AK 210 zu der Zeit, als er noch den Fuhrpark der Firma Eisele in Maintal bereicherte

AK 210 und AK 450 bei Firma Bracht

Hier wird der Längenunterschied von fast 2,5 m zwischen dem AK 210 und AK 450 deutlich. Ein weiterer wesentlicher Unterschied liegt in der Abstütztechnik: Während bei den Hubgeräten der Gewichtsklasse ab AK 450 und größer die Abstütztechnik separat transportiert werden muß, befindet sich die Abstützung z. B. beim AK 210 am Unterwagen und kann seitlich hydraulisch ausgeklappt bzw. ausgefahren werden. Die Abstützbasis beträgt hier 8,0 x 8,75 m, reduzierbar bis auf 6,3 m

AMK 1000-103

Mit dem AK 210 haben wir das Kapitel der Gittermastkrane abgeschlossen und kommen jetzt zu den Teleskopkranen aus dem Hause Gottwald. Ein Wunderwerk der (Gottwald-)Technik ist hier der Teleskopkran AMK 1000-103. Als Einzelstück gebaut im Jahre 1985 für den Mainzer Kranverleiher Riga, war er seinerzeit (und wahrscheinlich ist er heute noch) der größte Autokran der Welt. Ursprünglich war der AMK 1000-103 für 800 t Hubkraft konzipiert, konnte aber durch technischen Fortschritt unmittelbar als 1000-Tonner gebaut und ausgeliefert werden
(Foto: Riga)

Auch der AMK 1000-103 wurde als geteilter Kran gebaut (zum einen bestehend aus dem Grundgerät Kranunter- und -oberwagen mit einem Gesamtgewicht von 98 t und zum anderen dem montierbaren Teleskopausleger) so wie z. B. der AMK 400 und AMK 500. Als Transportgerät für den 21,5 m langen und 70 t wiegenden Grundausleger dient beim AMK 1000-103 das Spezialfahrzeug AMK 1000-93 TR mit 615 PS. Das Fahrgestell hat die Bauart 18x8 (18 Räder, davon acht angetrieben) und verfügt über eine spezielle Hebe- und Verschiebeeinrichtung für eine milimetergenaue Montage des Auslegers am Auslegerfuß. Beim Transport dient die Einrichtung als Halterung und Befestigung des Auslegers. Das Gesamttransportgewicht inkl. Ausleger beträgt 96 t (Foto: Brand)

Der Kranunterwagen gliedert sich auf in Antriebsteil, dem Kransockel und Heckteil. Der Antrieb ist ein Mercedes-Benz-Diesel OM 424 LA (wassergekühlt, zwölf Zylinder) mit 615 PS und dem üblichen Allison-Wandler-Lastschaltgetriebe. Von den 20 Rädern sind acht angetrieben. Die zehn Achsen – davon neun gelenkt – sind hydropneumatisch gefedert und z. T. untereinander hydraulisch ausbalancierbar. Abgestützt wird der Kran durch vier an den Sockel anbolzbare, hydraulisch ausfahrbare Stützen mit je 12 t Gewicht. Die Abstützbasis beträgt bis zu 14 x 14 m

Die verwindungs- und biegesteife Stahlkonstruktion des Kranoberwagens ist mittels Kugeldrehverbindung mit dem Unterwagen verbunden. Der Antrieb besteht aus einem Mercedes-Benz-Dieselmotor OM 407 A (wassergekühlt, sechs Zylinder) mit 253 PS. Der Ausleger besteht aus drei Teleskopteilen, ist pneumatisch verriegelbar in sechs verschiedenen Höhenstufen mit einer maximalen Auslegerlänge von 62 m. Die maximale Tragfähigkeit liegt bei 350 t. Der Ballast besteht aus sieben Teilen mit insgesamt 140 t. Durch Anbau eines Schwerlastauslegers bzw. Spann- und Maxilift-Einrichtungen kann man die Hublast steigern. Mittels einer Wippspitze von 23 bis 93 m kann die Hakenhöhe auf 150 m verlängert werden (Fotos: Riga)

RIGA MAINZ
RIGA MAINZ
1000t

AMK 1000-103 Breuer

Der AMK 1000-103 (vormals bei Firma Riga) hier in den Farben der Firma Breuer
(Foto: Bracht)

Krangrundgerät (Gesamtgewicht 98 t)

(Foto: Bracht)

Das Spezialtransportfahrzeug AMK 1000-93 TR – auch Breuer – fährt zum Anbolzen des Auslegers an den Auslegerfuß mit den direkt angeschlossenen Wipp-Zylindern heran. Mit Hilfe der hydraulischen Hebe- und Verschiebeeinrichtung ist die Montage des 70 t schweren Auslegers eine Sache von wenigen Minuten

Der AMK 1000-93 TR nach der Montage. Jetzt wäre er sofort wieder einsetzbar für andere Transporte. Die Einsatzfähigkeit des AMK 1000-93 TR muß sich insofern nicht auf den Transport des Auslegers beschränken

AMK 1000-103 und AMK 1000-93 TR mit den geräumigen Low-Line-Kabinen

Die vier Abstützungen des Teleskopkrans mit je 12 t werden gesondert auf einem Spezialanhänger aus dem Hause Goldhofer verbracht

Zugfahrzeug für die Abstützungen ist ein MB 3548 8x4 (480 PS)

Der Kran bei Brückenbauarbeiten in Lünen. Bedauerlicherweise ist der Kran nicht mehr in Deutschland zu finden. Bei Recherchen stieß ich auf eine Meldung, wonach der Teleskopkran AMK 1000-103 in Asien zum Verkauf steht

AMK 600-93

Der AMK 600-93 war in seinem Baujahr 1985 ein weiterer Teleskopkran der ersten Klasse. Im Gegensatz zum AMK 1000-103 führt dieser Kran seine Abstützungen mit. Die vier Abstützarme sind seitlich ausklappbar und ausfahrbar auf eine Basis von 11,5 x 12,4 m. Für Vorschub sorgt ein wassergekühlter MB-Turbodieselmotor OM 424 mit 12 Zylindern und 530 PS. Der Motor bewegt 96 t Transportgewicht (ohne Ausleger).An dem verwindungssteifen Rahmen sind neun hydropneumatische Achsen befestigt, von denen die 2., 3., 6. und 7. Achse angetrieben sind. Der Oberwagen wird angetrieben durch einen wassergekühlten MB-Dieselmotor mit 253 PS

AMK 600-93 und AMK 401-83 der Firma Bracht beim Tandemhub im Hafen von Dorsten am Wesel-Datteln-Kanal

(Foto: Bracht)

AMK 600-93 beim Hub eines Pressenteils und bei Reparaturarbeiten an einem Drehofen im Zementwerk. Der Ausleger ist bis auf eine Länge von 57,1 m teleskopierbar. Dazu gibt es im Wippbetrieb noch weitere 70 m Gitterausleger (Fotos: Bracht)

Der Ballast des Mobilkrans ist mehrteilig und insgesamt 120 t schwer. Der Kran legt den Ballast auf eine Vorrichtung am Fahrgestell und dreht sich um 180 Grad. Der Ballast wird dann am Oberwagen des Krans hydraulisch verbolzt. (Foto: Bracht)

Ein Blick auf das Anlagestück des Auslegers mit den mächtigen Hydraulik-Zylindern. Rechts daneben ist die hydraulisch kippbare Oberwagenkabine. Der Fahrer kann die Kabine vorne hoch bewegen, um so die Last immer genau im Auge zu haben

Hier werden etwa 280 t auf neun Achsen rangiert. Der Standort des Krans ist nicht optimal zur Last, so dass er – fertig aufgebaut – ein paar Meter vorrücken muss. In diesem Moment liegt das ganze Gewicht auf den Achsen bzw. Rädern

Beim AMK 1000-103 wurde – wie beschrieben – der Ausleger auf der Gottwald-Konstruktion AMK 1000-93 TR transportiert. Beim AMK 600-93 übernimmt den Tranport des dreiteiligen 19 m langen Auslegers ein Gespann aus MB Zugmaschine und sechsachsigem Goldhofer-Auflieger. Das Gesamttransportgewicht mit Ausleger beträgt 86 t. Auch für den Ausleger des AMK 600-93 war von Firma Gottwald ein eigenes Transportfahrzeug geplant. Man entschied sich dann aber für die vorbeschriebene Lösung

Vorbereitungen für den Hebe-Einsatz. Im Vordergrund der AMK 600-93, im Hintergrund die Transport-Kombination mit dem Ausleger (Foto: Bracht)

Detailaufnahme der Hebe- und Verschiebeeinrichtung am Goldhofer-Auflieger

AMK 500-93

AMK 500-93 ist der Vorgänger des zuvor beschriebenen AMK 600-93. Grundsätzlich baugleich unterscheiden sich beide in folgenden Merkmalen: Der AMK 500-93 wiegt mit 100 t vier Tonnen mehr als sein Nachfolger. Der Motor, ein MB Dieselmotor OM 404-A, hat 520 PS. Der Kran kann – so geht es aus der Typenbezeichnung hervor – 500 t heben. Das Gegengewicht wird mit 94 t angegeben (Fotos: Toense, Müller, Weinbach)

Dem AMK 500-93 wurden für den Wüstenbetrieb rechts und links hinter der Low-Line-Kabine zusätzliche Kühler montiert

AMK 400-93

Dieser AMK 400-93 wurde 1982 auf der Hannover-Messe als „weltgrößter Kran“ vorgestellt. Dieses Foto entstand einige Jahre später auf dem Gelände der Firma Franz Bracht
(Foto: Müller)

Im Jahre 1982 wurde dieser mobile Teleskopkran als Nachfolger des AMK 200-93 vorgestellt. Während in den folgenden Jahren mit den Kranen AMK 500-93 und 600-93 durch technischen Fortschritt mehr oder weniger Auflastungen des vorhergehenden Modells auf den Markt kamen, wurde mit dem 400-93 eine Neuentwicklung geschaffen, die seinen Vorgänger AMK 200-93 um 100 Prozent in der Leistung übertraf. Des weiteren beeindruckte er seinerzeit mit einer neuartigen Mastkonstruktion. Heute arbeitet der Teleskopkran zusammen mit dem zuvor beschriebenen AMK 1000-103 bei der Firma Long Hook in Taiwan. Der Motor des Unterwagens ist ein wassergekühlter MB-Diesel OM 404 A mit 520 PS. Im Oberwagen befindet sich ein MB-Dieselmotor mit 253 PS. Der mobile Kran im straßenverfahrbaren Zustand wiegt 100 t. Der 50 t schwere Ausleger wird gesondert transportiert. Für den Transport bieten sich hier zwei Möglichkeiten: Einmal die Gottwald Konstruktion AMK 400-73 TR (Transportgewicht 82 t) und zum andern die Kombination aus Zugmaschine und Tieflader mit der Hebe- und Verschiebeeinrichtung (Transportgewicht rund 86 t). Der Ausleger hat eine Rollenhöhe von maximal 60 m, aufrüstbar durch Gittermastwippspitze bis auf 124 m. Das Gegengewicht beträgt 96 t
(Fotos: Brand, Hewden Stuart)

AMK 401-83

Der AMK 401-83 war eine Gottwald-Entwicklung aus dem Jahre 1986. Die Konstruktion und das technische Know-How gingen allerdings noch im gleichen Jahr im Zuge eines Technologie-Transfers auf die Firma Krupp über. Der Grundgedanke für dieses Modell war, den mobilen Teleskopkran unter Einsatz moderner Werkstoffe so „leicht" zu bauen, dass ein ungeteilter Transport möglich wurde. Der Ausleger konnte also beim Transport auf dem Oberwagen verbleiben. Im Unterwagen sitzen zwei Motoren mit je 260 PS, die im Fahrbetrieb in Tandemanordnung 520 PS leisten. Im Hubbetrieb arbeitet ein Motor, der andere liegt still. Der Oberwagen verfügt ergo über keinen eigenen Motor. Im Jahre 1989 brachte Krupp den Autokran KMK 8400 heraus, der dem Typ des AMK 401-83 entspricht (Foto: Brand)

AMK 306-83

Während die Gottwald Autokrane der Kategorie ab 400 t in geringer Stückzahl bzw. ab 500 t als Einzelstücke gebaut wurden, traf man Krane der Baureihe AMK 306-83 häufiger an. Sie waren für viele Unternehmen in Deutschland und weltweit im Einsatz. Im Ausland, wie z. B. im mittleren Osten, sind sie immer noch in Aktion (Foto: Kricheldorf)

Zum Transport auf der Straße wird der Ausleger vom Oberwagen getrennt verbracht auf einem Gespann von Zugmaschine und Auflieger. Das achtachsige Grundgerät hat jetzt noch ein Transportgewicht von 75,6 t auf 17 m Länge
(Foto: Bracht)

Der Grundausleger besteht aus drei Teilen, die alle unter Last teleskopierbar sind auf eine Gesamtlänge von 45 m. Unter Verwendung einer Wippspitze ist die Rollenhöhe auf 95 m aufstockbar
(Foto: Bracht)

Zur vollen Nutzung der Hubkraft wurde der AMK 306-83 hier mit einem Spezialausleger ausgerüstet
(Foto: Bracht)

BRACHT
BRACHT
BRACHT
90 45 61
GOTTWALD
BRACHT

Der AMK 306-83 verfügt im Unterwagen über einen wassergekühlten MAN-Dieselmotor D 2542 MTE mit 520 PS. Im Oberwagen sitzt ein wassergekühlter MAN-Dieselmotor D 2565 ME mit 170 PS. Fa. Bracht setzt hier zwei AMK 306-83 mit zusammen 340 PS zur Bergung eines im Fluss versunkenen Baggers ein
(Foto: Bracht)

Der Teleskop-Ausleger beim Ausheben von Brückenelementen
(Foto: Bracht)

AMK 306-83 aus dem Fuhrpark der Fa. Kronschnabel/Bremerhaven beim Auflegen eines Teil seines 50 t schweren Ballastes
(Foto: Müller)

AMK 206-73

Die Abstützbasis des AMK 206-73 ist ausklappbar und hydraulisch ausfahrbar auf eine Basis von 9 x 9,1 m. Der Ausleger ist dreiteilig und unter Last teleskopierbar auf eine Gesamtlänge von 45 m. Im Wippbetrieb erreicht die Rollenhöhe 97 m

Die 84 t Transportgewicht auf 18,55 m Länge werden bewegt von einem wassergekühlten MB-Dieselmotor OM 424 A mit 530 PS. Von den sieben Achsen mit 14 Rädern sind die 2., 4. und 5. Achse angetrieben. Die Achsen 1 bis 4 und 7 sind lenkbar

Der MB-Dieselmotor AM 407 A im Oberwagen hat 253 PS. Das Gegengewicht hat 40 t

AMK 200-83

Dieser Teleskop-Autokran verfügt über vier teleskopierbare Auslegerteile, mit denen eine Rollenhöhe von 53 m erreicht werden kann, mittels Wippspitze verlängerbar auf 96 m. Angetrieben von MAN-Dieselmotor D 2542 verfügt der Unterwagen über 520 PS. Zum Zeitpunkt seines Erscheinens war der AMK 200-83 der erste Autokran, der über die ausklapp- und ausfahrbare Abstütztechnik verfügte. Bei allen danach gebauten Modellen über einer Hubkapazität von 200 t (ausgenommen die Großkrane mit Sternabstützungen) wurde diese Technik dann übernommen (Foto: Brand)

AMK 126-63

AMK 126-63 mit 72 t Transportgewicht. Ab 1980 wurde der Teleskop-Autokran – gleich unter Verwendung der Low-Line-Kabine – gebaut. Der Antrieb ist ein wassergekühlter MB-Dieselmotor OM 404 mit 430 PS. Im Oberwagen arbeitet ein MB-Dieselmotor AM 352 A mit 145 PS. Der vierteilige (drei Teile unter Last teleskopierbar) Grundausleger kommt auf eine Rollenhöhe von 48,5 m und ist verlängerbar durch Gittermastelemente. Der mehrteilige Ballast wiegt 14,8 t. Die Abstützungen sind nicht ausklappbar, sondern werden hydraulisch auf 7,9 m zweifach austeleskopiert (Fotos: Brand)

Last but not least … Zum Abschluss der Gottwald-Reihe stelle ich hier noch ein Indiz für die Langlebigkeit der Gottwald-Konstruktionen vor. Auf dem Unterwagen eines ehemaligen AMK 126-63 wurde der Oberwagen eines Hitachi-Baggers EX 550 montiert. Der Unterwagen ist etwa 20 Jahre älter als der Bagger. Fotografiert wurde diese „Bastelarbeit" im Hafen von Antwerpen/Belgien (Foto: Bergerhoff)

Traffo Umschlag I

Das 17,85 m lange Grundgerät inklusive Sternabstützung wiegt 96 t und wird bewegt von einem wassergekühlten 530 PS starken Liebherr-Dieselmotor. Von den acht Achsen des Kranunterwagens sind sechs Achsen gelenkt und vier angetrieben

Im Winter 2001/2002 wurde ein 260 t schwerer Traffo per Binnenschifffahrt vom Krefelder Rheinhafen zunächst nach Rotterdam und dann, umgeladen auf ein Überseeschiff, zum Zielort nach Abu Dhabi/VAE verbracht.
Die Maße des Traffos waren L/B/H 1270/500/464 cm. Zum Rheinhafen wurde das Ladegut auf einem 24-achsigem Selbstfahrer SPMP (Self Propelled Modular Transporter) der Firma Riga/Baumann transportiert. Der Umschlag erfolgte per Tandemhub mit dem Liebherr Gittermast-Autokran LGD 1800 Spacelifter der Fa. Riga Mainz und einem 200 t hebenden stationiertem Hafenkran (Big Rocky) aus dem Hause Gottwald. Der Schwerlast-Gittermastkran LGD 1800 hat eine maximale Traglast von 800 t, sein Auslegersystem erreicht eine Hubhöhe von max. 182 m und eine Ausladung von max. 116 m. Für den kompletten Einsatz des Krans benötigt man etwa 20 Fahrzeuge (insgesamt 650 t Zuladung) zum Transport der Auslegerelemente und des Ballast

LIEBHERR
TEL. 06131-96296-0
RIGA BAUMANN

RIGA
BAUMANN

Traffo Umschlag II

Nach Shanghai in China wurden im Spätsommer 2002 zwei Traffos verbracht. Vom Siemenswerk in Nürnberg transportierte die österreichische Spedition Felbermayr per Straßentransport die je 381,5 t (Maße 10,94 x 4,92 x 4,90 m) wiegende Schwerlast zum Nürnberger Hafen am Main-Donau-Kanal. Der Umschlag erfolgte mit dem Liebherr-Raupenkran LR 1600/1 der Fa. Felbermayr.

Die Konstruktion des maximal 600 t hebenden Raupenkrans gliedert sich in drei Hauptkomponenten:

1. Das Raupenfahrwerk (Unterwagen) besteht aus dem Raupenmittelteil (31 t), zwei je 1,5 m (42 t) (optionär 2,0 m mit 44 t) breiten Laufwerken und dem Zentralballast.
2. Im Rahmen des Oberwagens (56 t) sitzt ein Liebherr-Turbodiesel mit 544 PS, der im Einsatz die mindestens zwei hydraulisch angetriebenen Winden bewegt. Als Zusatzausrüstung können insgesamt sechs Winden eingesetzt werden.
3. Der dritte Teil ist das komplexe Auslegersystem. Die maximale Hubhöhe des LR 1600/1 beträgt 196 m und zwar mit Hauptmast (91 m) und wippbarer Gitterspitze (105 m) in Verbindung mit dem 31,5 m langen Derrickausleger.

In diesem Rüstzustand kann der Raupenkran bei einer Auslage von 36 m noch 20 t heben. Dafür muss er dann mit insgesamt 715 t ballastiert werden. Der Ballast setzt sich zusammen aus max. 95 t Zentralballast am Raupenfahrwerk, 220 t Drehbühnenballast und 400 t Schwebeballast- bzw. Ballastwagen. Durch das Baukastensystem ist der Kran je nach Anforderung des Einsatzes sowohl in der Auslegervariante als auch in der Ballastierung entsprechend anpassbar

Für den Transport auf der Straße wurde die Zugmaschine ÖAF 48.792 8x8 (790 PS) eingesetzt. Der 381,5 t schwere Traffo lagert auf sechzehn aufgesattelten Goldhofer-THP-Achsen

Unterstützt wurde der Transport von einer Steyr 41 S 60

Zur Vorbereitung der Hubarbeiten wird der Ballastwagen am Oberwagen des LR 1600/1 angebolzt

Der Hakenflansch allein wiegt 24,4 t

Das Anschlagen der armdicken, starren Stahlseile ist eine schweißtreibende Angelegenheit

Der Ballastwagen ist für diesen Einsatz mit 8 Platten a 12,5 t, mithin 120 t ballastiert

Vorsichtig wird der erste Traffo in das Schiff gehoben. Der zweite wartet hinter dem Kran auf seine Verladung

Im Vordergrund ist das Transportfahrzeug von seiner Last entbunden und tritt den Heimweg an

Millimetergenau wird auch die zweite Last an ihrem Platz im Binnenschiff nach Antwerpen abgesetzt. Dort werden die 381,5 t schweren Traffos umgeschlagen auf einen Überseefrachter und die Reise geht weiter zum Zielort nach Shanghai

MAN Schwerlastzugmaschinen

Nach Faun und Titan sind die Allrad-Zugmaschinen aus dem Hause MAN (speziell 40.400 bis 40.525) mit der F8-Fernverkehrskabine meine persönlichen Favoriten. Die kantige Konstruktion der seit 1973 gebauten Kabine ist für mich die äußerliche Darstellung der Kraft und Leistung dieser Maschinengeneration.

Leider bekommt man die MAN-Zugmaschinen älteren Baujahrs heute in Deutschland nur noch sehr selten vor die Kamera, so dass ich keine Wege und Mühen scheue, wenn sich mir die Möglichkeit bietet, einen Transport mit diesen Maschinen zu fotografieren.

Gleichzeitig finden Sie in diesem Kapitel auch weitere MAN-Typen, die durch Kraft und Leistung bestechen. Bei einigen beschränke ich mich nur auf kurze Informationen, damit das Kapitel nicht den Rahmen des Buches sprengt.

Vorab eine kurze Erläuterung der verschiedenen Typenbezeichnungen und wie man anhand dieser die Technik und Leistung der Maschinen entschlüsseln kann. Hinter der Typenbezeichnung z.B. 41.361 8x4/4 verbergen sich folgende technische Daten:

41 ■ steht für das maximale Gesamtgewicht

361 ■ steht mit 36 für die Motorleistung in PS/10 (360 PS), mit 1 für die Modellreihe

Radformel:

8x4/4 ■ 8 Räder (4 Achsen), davon 4 (=x4) und vier gelenkt (=/4), wobei Zwillingsbereifung auf den Antriebsachsen ein 1 Rad gezählt wird

Wichtige Kürzel: **A** = Allrad **D** = Dreiachser **F** = Frontlenker **S** = Sattelzugmaschine **V** = Vorlaufachse **VF** = Vierachsiger Frontlenker **F** = Frontlenker

Beginnen will ich mit den „Zwillingen“ aus dem Hause Schmidbauer, München: MAN 26.365 6x4/2

Eine der beiden MAN 41.361 VFS 8x4/4 der Fa. Voss, Dortmund

MAN 40.440 DFA 6x6/2 (ballastiert) mit wassergekühltem V-10-Turbodiesel (17426 ccm) der Fa. Baum aus Köln

Zeichnung MAN 40.440 DFA 6x6/2

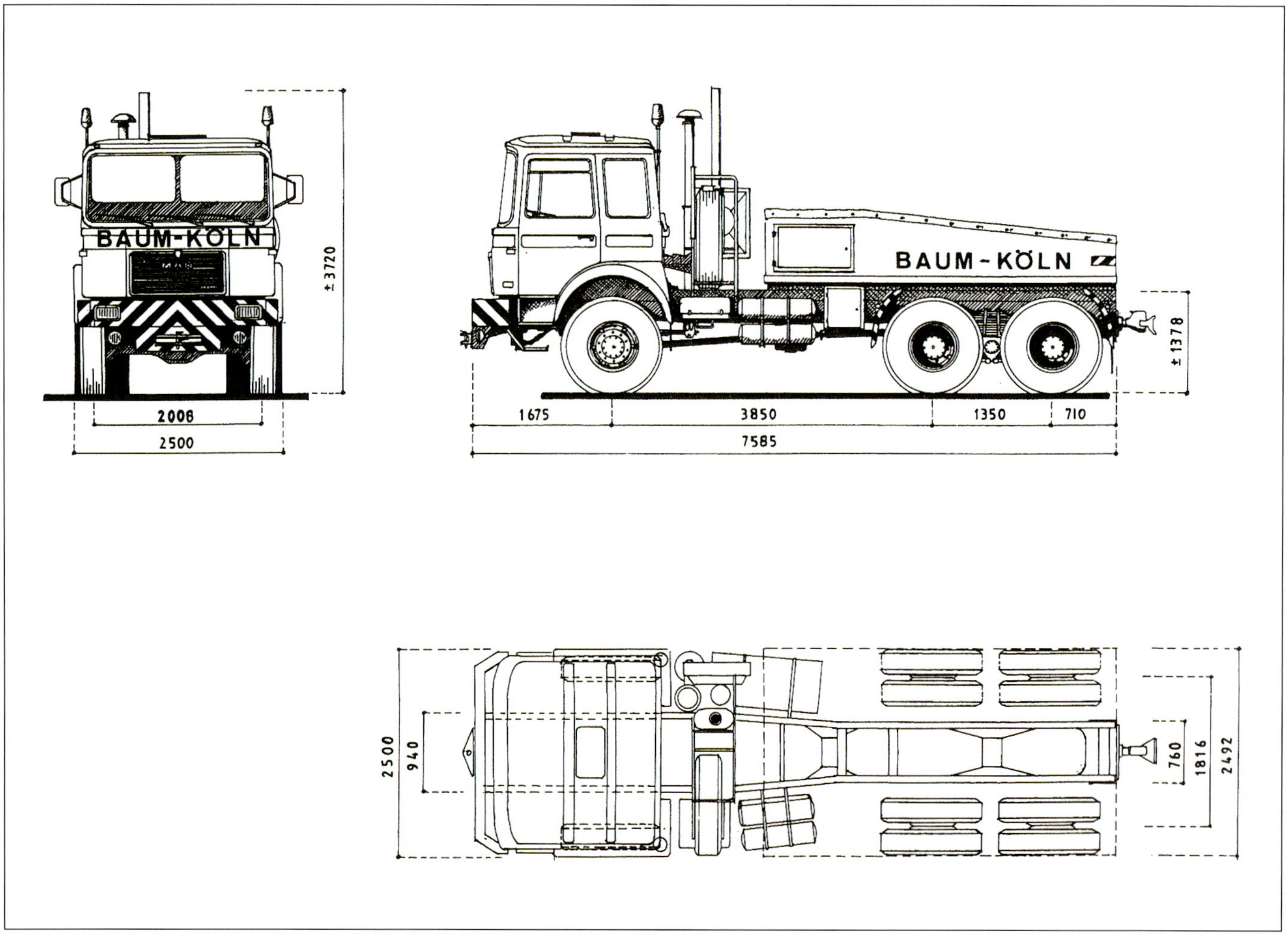

MAN 41.521 8x6/4 der Fa. Goll, Düsseldorf, mit F8-„Möbelwagen“-Kabine, erkennbar am größeren Fenster und der hinten über dem Kotflügel überstehenden Verlängerung. Die Zugmaschine wurde von Fa. Goll abgegeben an die Fa. Team in Rotterdam/NL

Die MAN 41.521 8x6/4 – ehemals Fa. Goll – im Fuhrpark der Fa. Team (immer noch mit F8-„Möbelwagen“-Kabine). Irritierend ist die Typenbezeichnung an den Türen. Dort ist die Maschine mit „41.502“ bezeichnet. Diese Bezeichnung findet sich meines Wissens bei MAN Schwerlastzugmaschinen mit F90-Kabine

Ehemals zum Fuhrpark der Fa. Schindler gehörte diese MAN 41.520 8x6/4. Die Maschine wurde allgemein „Schindlers Papagei" genannt

Dieselbe MAN bei dem Kranverleih-Unternehmen Jenniskens in Nijmegen/NL. Sie transportiert Ballast für einen Demag-Kran AC 665

Hinter der F8-Kabine sitzen Tank und Luftfilter

Die MAN 40.440 6x6 DFAS fuhr u.a. für AKV Bochum, AKV Merseburg, Fa. Breuer und heute Fa. Eisele. Der wassergekühlte Turbodiesel leistet 440 PS. Trotz der wechselnden Eigentümer blieb der Einsatz immer gleich: Die MAN transportiert den 60 t schweren Teleskopausleger eines Liebherr LTM 1800
(Foto oben: AKV)

Die MAN 40.440 im Rot-Weiß der Fa. AKV Merseburg. Mit dem Auspuff wirkt sie wie ein kampfbereiter Stier

Die weiß-blaue Lackierung der Fa. Breuer gefällt mir persönlich am besten. Der sechsachsige Goldhofer-Plattformanhänger hat die Zugmaschine bei ihren wechselhaften Beziehungen immer begleitet

Diese MAN 40.440 6x6 dürfte aus dem Hause Schmidbauer/München stammen. Heute fährt sie für die Spedition Straumann/Colmar

(Fotos: Jüptner)

Der italienische Spediteur Delta Besenzoni im Winter des Jahres 1997 unterwegs im Saarland mit einem 120 t schweren Walzenständer. Verladen ist das Maschinenteil auf einer 18-achsigen Anhängerkombination von Capperi, gezogen und geschoben von MAN 40.400 6x6. Hier die ziehende MAN mit vertikalem Kühlergitter

Die 800 PS der beiden MAN gewährleisten ein zügiges Vorankommen

Die schiebende MAN 40.400 mit horizontalem Kühlergitter. Zug- und Schubmaschine sind bis auf die unterschiedlichen Kühlergitter auf den ersten Blick identisch

Zur Abwechslung mal wieder ein Vierachser: MAN 41.361 8x4 aus dem Fuhrpark der Spedition Goll/Düsseldorf auf dem Rastplatz Lichtendorf. Transportgut ist ein Demag Hafenkran MC 150 mit etwa 35 t Gewicht auf einem vierachsigen Tiefbettauflieger

Auch in der ehemaligen DDR war bekannt, dass MAN gute Kraftfahrzeuge baut. So bestellte die Spedition Schwertrans Leipzig (STL) im Jahre 1988 drei MAN 40.525 6x6. Das besondere an diesen Fahrzeugen ist ein luftgekühlter V-12-Turbodiesel von Deutz aus der Serie BF12413FC mit 525 PS. Die MAN wurden zur Ergänzung des vorhandenen Fuhrparks – bestehend aus insbesondere Faun-Zugmaschinen – angeschafft wegen des identischen Zugstrangs: Die MAN verfügten über gleiche Motorleistung, Getriebe und Achsen

Die Fahrzeuge werden sowohl im Sattel- als auch im ballastierten Anhängerbetrieb eingesetzt. Im Anschluss an den direkt hinter der Kabine befindlichen Kühlturm wurde bei allen drei Fahrzeugen je eine Itag-Winde montiert

Wo wir gerade beim Thema „Winden" sind: Hier eine Itag-Doppelwinde montiert an einer MAN-Zugmaschine für das Militär

(Foto: Bastian)

Eine MAN 40.440 6x6 der Fa. Alborn / Dortmund mit Rotzler-Winde. Die MAN wird ausschließlich ballastiert eingesetzt, hauptsächlich zum Transport von Traffos. Dazu dient die Winde als Verladehilfe zum zügigen Umsetzen des Ladeguts über Umlenkrollen von den Fundamenten auf den Anhänger bzw. umgekehrt

Wann ist ein(e) MAN ein(e) MAN? Unter der Haube dieser MAN schlägt ein Herz von Mercedes, ein 420 PS starker, wassergekühlter MB V-12-Motor Marke DBOM 424

Die selbe MAN im Hafen von Krefeld mit einer Goldhofer-Hubhebelkesselbrücke im Schlepp

Österreichische MAN-Power auf deutschen Straßen. Einer meiner Hobbykollegen sprach mir im Winter 1995 auf den Anrufbeantworter, dass auf dem Rastplatz Göttingen ein interessanter Schwertransport seine Tagruhe einlegt, nämlich zwei Fahrzeuge der Spedition Auto Kern aus Linz in Österreich, die ein 100 t schweres Schiffsruder quer durch Deutschland nach Kiel transportieren. Als der Kollege dann noch erwähnte, dass mit MAN 40.525 und 40.440 gefahren wird, gab es für mich kein Halten

Vorne zieht die MAN 40.525 6x6 mit einem wassergekühlten 10-Zylinder-V-Motor D2540 MLE mit Turboaufladung und Ladeluftkühlung. Der Motor und das Getriebe werden durch zwei Zusatzkühler hinter der Kabine gekühlt

MAN 40.440 aufgesattelt im Dollybetrieb beim Transport eines 60 t schweren Traffos auf dem Rastplatz Sauerland/A45. Der Traffo ruht auf einem Tiefbett mit sieben Goldhofer-Achsen. Vorne hat der Tiefbettauflieger einen hydraulisch verstellbaren Schwanenhals, der auf dem zweiachsigen Dolly aufgesattelt ist. Das Dolly ist über seinen Schwanenhals und der Sattelkupplung mit der Zugmaschine verbunden. Das ganze Verfahren dient der Gewichtsverteilung und optimalen Umsetzung der Motorkraft auf den Antrieb der Zugmaschine. Dabei ist zu beachten, dass der Sattelpunkt des Aufliegers zwischen den Antriebsachsen der Zugmaschine und den Achsen des Dolly liegt

Diese MAN 40.520 6x6 wurde wohl ursprünglich entwickelt für die Streitkräfte in Israel. Versehen mit Tropendach und Klimaanlage wurde sie jedoch nicht ausgeliefert. Die Spedition Goll in Düsseldorf übernahm die Zugmaschine in den zivilen Dienst und jetzt – wie auf den Bildern zu sehen – bereichert sie den Fuhrpark der Fa. Felbermayr/Österreich

Zum guten Schluss der MAN-Reihe wiederum eine Zugmaschine Typ 40.525 6x6 – ursprünglich Fa. Goll – auf dem Gelände der Fa. Mammoth Gulf in Dubai/VAE. Die Allrad-Zugmaschinen sind im Mittleren Osten sehr beliebt und viele verbringen dort ihr Altenteil unter schwersten Bedingungen mit harter Arbeit

Oshkosh

Dem einen oder anderen werden diese Fahrzeuge auch auf deutschen Straßen aufgefallen sein, denn die Streitkräfte der USA sind der Hauptabnehmer der Firma Oshkosh.

Einfallsreicher Weise sitzt das Unternehmen in der Stadt Oshkosh in Wisconsin/USA und baut seit 1917 – laut eigener Aussage – als einer der Vorreiter der Allrad-Technologie alle Arten von Schwerlastfahrzeugen, die mit Detroit-Diesel, Cummings- und Caterpillar-Motoren von 330 bis 600 PS angeboten werden.

Zum Programm gehören u.a. Militärfahrzeuge, Groß-Löschfahrzeuge und Schneefräsen für Flughäfen, aber auch Müll- und Betonwagen und gigantische Schwerlast-Off-Roader für z.B. die Erdölindustrie. Die Letztgenannten werden leider nicht mehr gebaut. Einige der heute seltenen Fahrzeuge stelle ich im folgenden vor.

Eine Zugmaschine Oshkosh J-30120 6x6 (Baujahr 1982) der Stadtverwaltung Abu-Dhabi/VAE mit einem zweiachsigen Auflieger aus dem Hause King ist hier unterwegs in der Liwa Oase. Die Oshkosh ist beeindruckende 10,14 m lang und fährt mit einem wassergekühlten Detroit-Dieselmotor Typ 12-V-71 T, V12 mit 485 PS alternativ auch mit Cummins-Dieselmotor KTA 600, IL 6 mit 600 PS

Bereift ist das Fahrzeug mit mannshohen 29.5x25 XRB Geländereifen. Hinter der Kabine der 3,45 m breiten Zugmaschine sind auf einer Plattform zwei gewaltige Winden montiert. Der Verbrauch der Maschine liegt bei rund 100 l auf 100 km. Wegen der mit Tankstellen doch recht spärlich besetzten Wüste wurden beidseitig jeweils drei große Tanks am Rahmen untergebracht

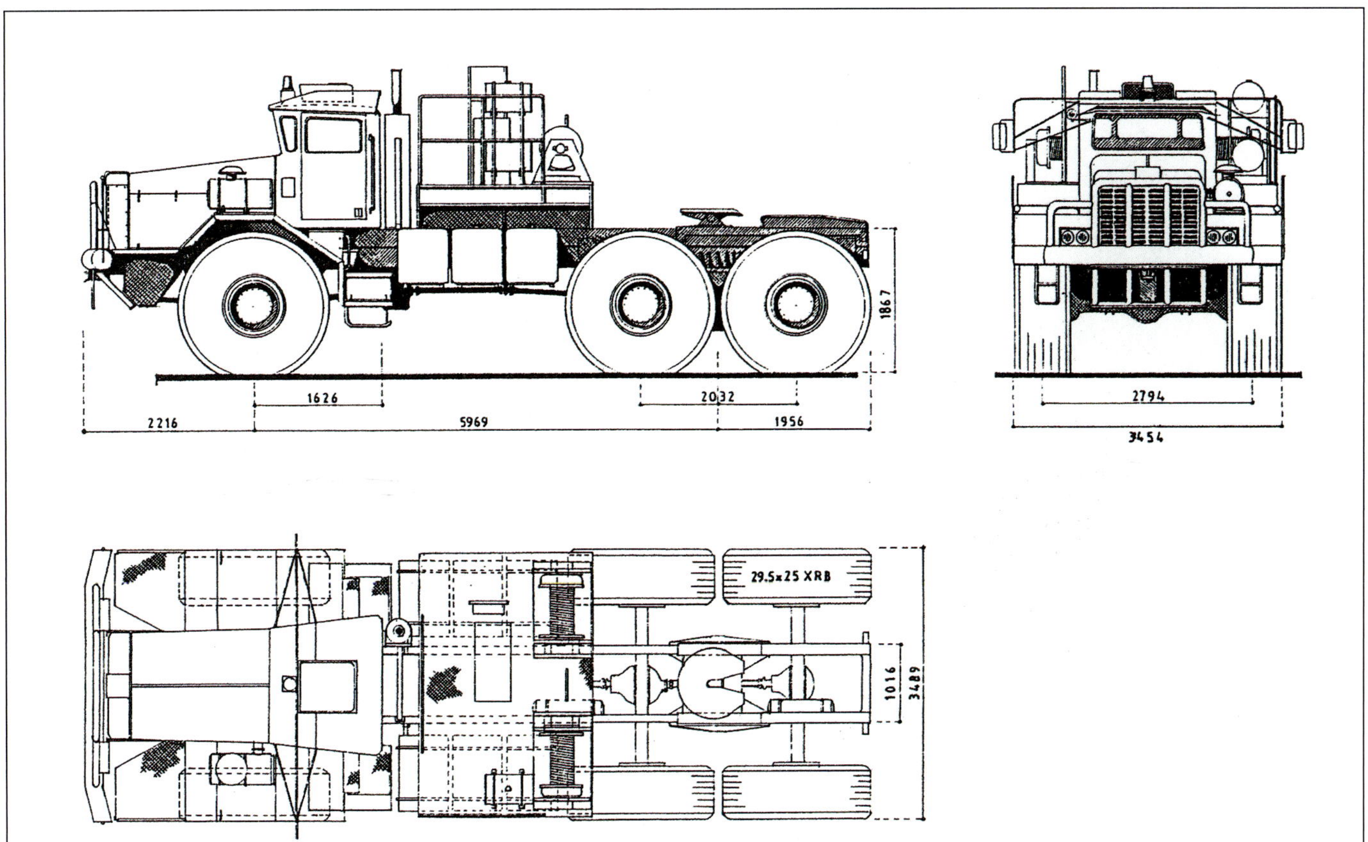

Zeichnung Oshkosh J-30120 6x6 (Maßstab 1:87)

Oshkosh J-3080 6x6 als sandbereiftes Ölfeldfahrzeug mit langem Rahmen, um die Pritsche und Gin Pole unterzubringen. Angetrieben wird der Oshkosh von einem wassergekühlten Diesel von Cat, Typ 3408-DI-TA mit 480 PS

Auch zum Fuhrpark der Stadtverwaltung Abu Dhabi gehörte diese Zugmaschine Oshkosh Typ J-30120 6x6, 485 PS, mit einem 4 m breiten, 130 t fassenden King-Auflieger aus englischer Produktion, Typ T 100/4-20

Bei diesem Fahrzeug wurden die hydraulischen Winden direkt hinter die Kabine montiert. Auffallend – weil selten – ist das Reserverad über den Winden

Auch selten ist die Tatsache, dass der Steuerstand der beiden Hydraulik-Winden mit einer Sitzgelegenheit ausgestattet ist

Kleiner als die Zugmaschine J-30120 ist die Oshkosh J-3080 6x6, Baujahr 1996. Im Schlepp hat sie einen zweiachsigen King-Auflieger, beladen mit einem Cat-Radlader…

…und beladen mit einer Cat-Raupe. Untypisch ist die abgerundete Form der Fahrerkabine

Oshkosh J-3080 6x6 mit Goldhofer-Auflieger STU 4 und Cat-Scraper

Oshkosh J-3080 6x6 der Stadtverwaltung Al-Ain, mit einer untypischen roten Lackierung. Die Fahrzeuge der Stadtverwaltung sind normalerweise weiß lackiert

Oskhosh J-3080 6x6 mit Gin-Pole-Einrichtung beladen mit Tank zur Wasserversorgung

Oskosh J-2344 6x6 Pritschenfahrzeug mit Ladekran

Oskosh J-2344 6x6 mit Hiab-Ladekran hinter der Kabine und aufgesatteltem Ölfeldauflieger, beladen mit Rohren für den Bau einer Wasser-Pipeline

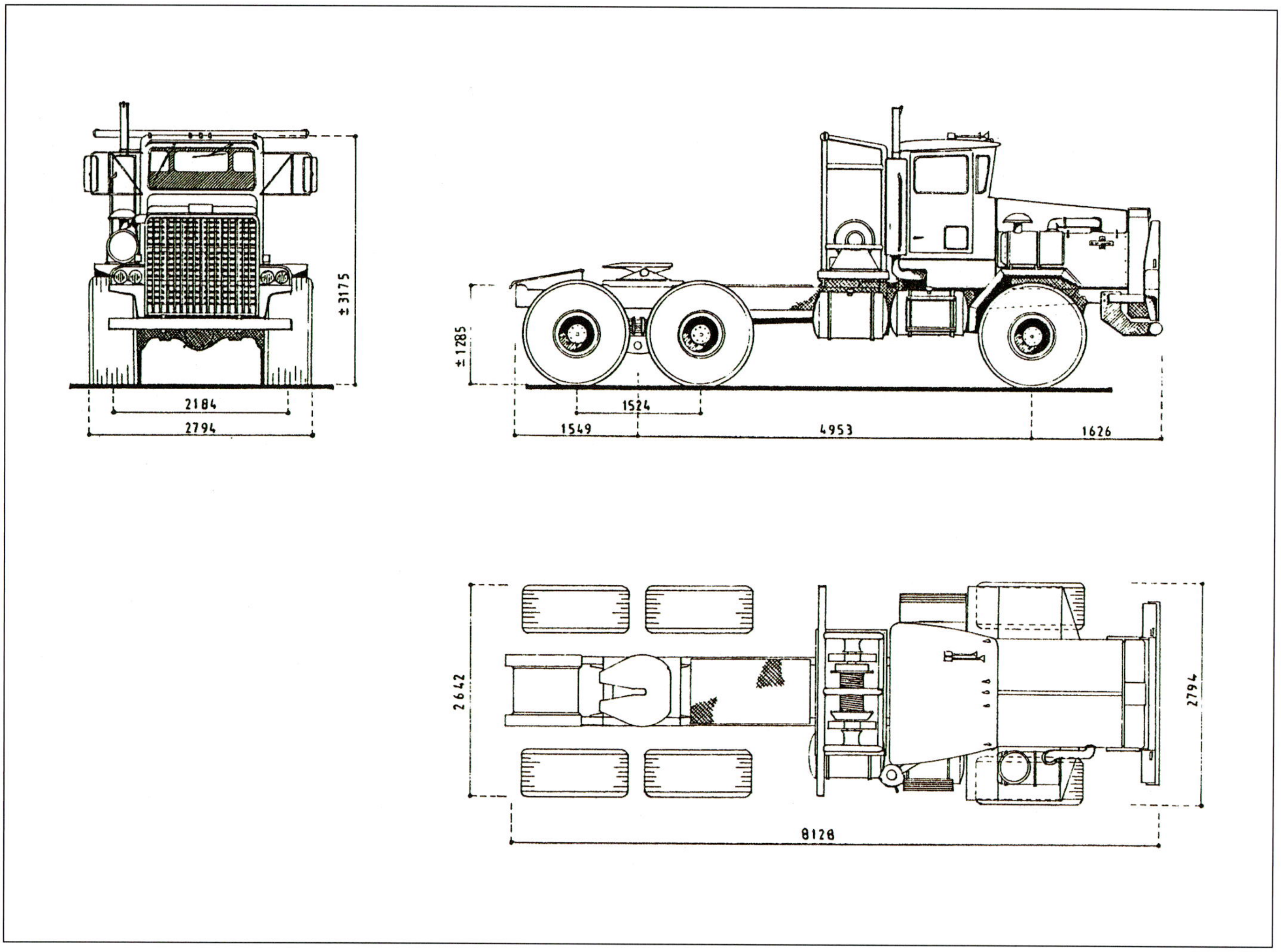

Zeichnung Oshkosh J-2065 6x6 (Maßstab 1:87)

Wie einleitend bereits erwähnt, hat sich die Firma Oshkosh darauf spezialisiert, Fahrzeuge dem Kundenwunsch entsprechend zu bauen. So gibt es die Schwerlastmaschinen von Oshkosh mit verschiedensten Aufbauten. Hier eine Oshkosh J-2065 6x6 Betontransportfahrzeug

Zum Bergen havarierter Fahrzeuge ist diese Oskosh J-2065 6x6 ausgerüstet mit einem Bergekran. Ihrem Einsatzgebiet in der Wüste entsprechend ist die J-2065 mit breiten Sandreifen ausgestattet